新潮文庫

ネコさまとぼく

岩合光昭著

新潮社版

8475

ネコさまとぼく

あなたは、ネコが好きですか？　ネコをかわいいと思いますか？

ぼくは、斜め後ろから見たネコの丸い頭が、とくにかわいいと思います。ネコは、すっくと立っていても、歩いていても、走っていても格好がいいですね。体の形が完璧《かんぺき》なのです。

ネコの魅力は、一緒にいると、いつの間にか家族の一員になってしまうことです。ネコは、ヒトが飼育する家畜とされていますが、ヒトがネコを飼い慣らしたのか、ネコがヒトを飼い慣らしたのか、分からなくなります。ネコが喜ぶのを見てヒトがうれしくなるのを、ネコは知っているようだからです。

子ネコが何を見て、何を考えているのか知りたいな、とぼくはいつも思います。

母子の息はピッタリ合っています。姿や動き方も似ています。

ネコが嫌いだというヒトは、食べず嫌いでニンジンやネギが食べられないのに似ています。食べてみないうちから、見た目や匂《にお》いや舌ざわりで、お皿に手をつけられない。でもいつかおいしい料理を食べたとき、そこにネギが入っていることに気がつき、その日からネギが大好きになったりします。ネコって、一緒にいると、ある日突然かわいくてたまらなくなる動物です。ぼくがそうであったように。

ぼくは動物写真家と呼ばれています。

動物をたくさん見てきましたし、一応の知

識を持っているつもりです。でも動物は、見ていれば見ているほど分からないことだらけです。

ライオンを撮影するために、ぼくはアフリカでたくさんの時間を過ごしています。それでも、目の前にいるライオンが何を感じているのか、どうしたいのか、言い当てることがむずかしいのです。

そんな困ったときには空を仰ぎ見ます。アフリカの空は大きく広がり、地平線は遠く、空気が濃いなぁと感じます。雲が低くたれこめ、風に流されていきます。と、風が冷たくなって土ぼこりの匂いが漂ってきました。大

ライオンの母子が川筋にいます。もうすぐやってくる雨の季節を心待ちにしているようです。タンザニアのセレンゲティ国立公園にて。

ホッキョクグマが花畑の中にいます。極北の短い夏の１日に見つけました。カナダのハドソン湾西岸にて。

粒の雨がやってきます。

今まで体を長く伸ばして寝ていたライオンが、起き出して伸びをしました。あごがはずれそうになるほど、大きな口を開けてあくびをします。獲物《えもの》となるヌーの群れがいる方へと歩き出します。ヌーの群れは雨の中でザワザワしています。ヌーたちはライオンの匂いにも姿にも気がつかないようです。たちまちライオンは狩りを成功させて1頭のヌーを倒しました。

それは雨季の始まりの雨でした。そうか、ぼくたちが顔を洗うと目が覚めるように、ライオンは雨で目が覚めたんだな。雨がライオンを張り切らせたんだ。生き物として体に感じることをもっとハッキリと大切にすれば、ライオンのことが分かってくるかもしれないなぁと、びしょ濡《ぬ》れになって撮影しながら、ぼくはガッテンしました。

ネコだって、不思議なことばかりです。

ぼくがどうやってネコの写真を撮るようになったか、順番にお話ししましょう。

ぼくの父親も、動物の写真を撮るのが仕事でした。本棚の写真集の中に、外国の女流写真家が撮ったネコの本がありました。表紙はネコの母子《おやこ》のアップです。表紙をめくるとネ

3歳のときのぼくです。犬もカメラも好きだったんでしょうね。

ネコごはんです。ネコたちの視線の先には犬がいました。

コの顔がページいっぱいに広がっています。笑っているように口を開いているネコは、こちらに話しかけてくるようです。中学生のぼくは、この写真に体が震えるような衝撃を覚えたのでした。

当時ぼくの家は、京浜工業地帯と呼ばれる東京の大田区にある都営住宅でした。残念ながら家にはネコはいませんでした。遊び相手は、斜め隣りの家にいたコロという犬でした。柴犬《しばいぬ》系の雑種でコロコロしてかわいくて、ぼくはどうしてもほこり臭い犬小屋に一緒に入りたくなりました。給食のパンでコロをおびき寄せて、ぼくが犬小屋に入ったところでコ口に怒られて腕を咬《か》まれたのも、今では楽しい思い出となっています。

ネコを目の前にしたのは、高校生になってからです。同級生の家にネコがいたのです。ぼくは、友達が部屋にネコを抱いてきたのを目を丸くして眺めていました。ネコを見ているうち、なぜか涙があふれてきたので、友達に見つからないように背中を向けてしまいました。

その家にはなんと28匹のネコがいたのです。みんな家の外にいる外ネコでした。台所の外、換気扇があるあたりの下で、みんなごはんを

小さい頃に大ケガをしたチビが立派な母親になりました。

20歳代のぼく。
スミレちゃんを抱いています。

待っていました。

ネコたちにごはんの準備をしているのは、友達のお母さんとお姉さんです。大きな鍋《なべ》いっぱいのネコごはんです。28匹のネコの食事は大騒ぎとなります。とくにオスたちのにらみ合いは、なかなかの迫力です。うなり声があたりに響き渡るほどです。

じつは28匹のネコは、同じメスから産まれた子たちだったのです。お母さんネコは、メスなのにタツオという名で、毛の色は、黒色、黄色、茶色の三色なのですが、三毛ネコではありません。「鼈甲《べっこう》ネコ」とか「よもぎネコ」とか呼ばれている種類だと思います。タツオの子たちでぼくが気に入っていたのは、ちょっと毛の長めのポキールと、白い毛のマルでした。ぼくはこのあとずっと、このネコたちを写真のモデルとして撮影させてもらいました。そして、ちょっとはずかしいのですが、ずっとあとに友達のお姉さんはぼくの奥さんとなりました。

大学を卒業したあと、ぼくはすぐに写真家としての道を選びました。ネコの写真はすでに撮りためたものもありました。その写真を持って出版社に売り込みにでかけました。

ところが1970年代当時、ネコの写真といえば、毛の長いペルシャネコやシャムネコ

ネコはバランスのとり方の名人です。柔らかい動きにはいつも魅せられてしまいます。

ぼくが撮っていた
「かわいいネコ」。
左がチンチラ、
右がペルシャ
(ブラックカラー)

などを室内で撮影したようなものか、バスケットに入った子ネコが驚いたように目を丸くしている写真でなければ、ネコの写真としてかわいいと認めてもらえなかったのです。ぼくもそういう「かわいいネコ」と呼ばれる写真も撮ってはいましたが、家の外で出会うネコの撮影を大切にしていたのです。野良《のら》ネコと呼ばれるようなネコの写真は、なかなか雑誌や本に使ってもらえないのが、その頃の現実でした。

悔しい思いの中で、これがぼくの写真だといえるようなネコの写真をもっと撮らなければならないと、自分をはげますばかりでした。

そんなこともあって、大学を卒業してすぐに、プロらしい仕事ができたわけではありません。中学生の頃からときどき父親の助手をしていたので、しばらくは修業のつもりで、海外への撮影取材にも助手兼カバン持ちでついて行きました。

生まれて初めての海外取材は、すでに大学生時代に体験していました。南米エクアドルの赤道直下にあるガラパゴス諸島です。

英国の博物学者チャールズ・ダーウィンが進化論のヒントを得たといわれるガラパゴスですが、本で読んでいたような不思議な島々

ネコがウミイグアナのいる海岸にやってきました。ネコはイグアナの匂《にお》いを一度だけかぎました。

南大西洋にあるフォークランド諸島では、夏でも寒い日があります。

でもなく、また奇異な動物たちにも出会いませんでした。ガラパゴスゾウガメもウミイグアナも、島の風景にとけ込んで生きて動いています。自然の中でみな当たり前に暮らしています。そして、ガラパゴスにお邪魔しているのはぼくたち人間だ、と強く感じました。当時は、世界中から訪れるヒトは年間でも4000人ほどでした。ガラパゴスのようなところへ来て仕事ができる、自然を撮る写真家も悪くないなぁ、とぼくは思いました。

手つかずの自然が残されているガラパゴスでも、ヒトは一部の島に暮らしています。ヒトがいれば必ずネコも一緒です。ぼくは、ネコトイグアナが出会うところもちゃんと写真に撮ってきました。

ネコは、世界中どこへいってもネコです。おかしな言い方かもしれませんが、ネズミのように小さなネコにも、秋田犬のように大きなネコにも出会ったことはありません。ネコはネコなのです。そこが興味深いところです。

ぼくは、野生動物を撮影するために、世界の隅々まで、遠い奥地といわれるようなところまで出かけて行きます。そこへの行き帰りの町でネコに出会います。もちろん日本にいても、ネコを撮る機会はできるだけつくりま

ノルウェーの町で。子ネコのかわいさに、ぼくは思わず「写真を撮らせてください」と英語で言いました。

スリランカの町のネコです。日本では最近あまり見かけなくなった魚売りのヒトがいます。

した。そうやってすこしずつ撮りためたネコの写真も増えていきました。選んだ写真をファイルの中へていねいにしまいます。気分はもう写真集をつくるところまで高揚していました。

ところが、撮りためたネコの写真を見ながら、奥さんと二人でなにか物足りなさも感じていました。二人とも、なぜだか分かっていました。ネコをいつも見ているわけではないので、シャッターチャンスが限られてしまっているのです。

そこでぼくたちは、ネコと一緒に暮らしながら、そのネコをモデルにして写真を撮ることに決めました。ネコと暮らすということを考えただけでも、ぼくはなんだかワクワクして胸が熱くなってくるのでした。ただ奥さんは、ネコとぼくたちの将来の暮らしについて、もっといろいろ考えていたようです。ネコが欲しいなんて、そのときのことだけで判断してはならないからです。

とはいっても、モデルとなるネコを探さなければなりません。まずどんなネコにしようかとたくさんの本を買い集めました。フランスから出版されていた本で見つけたのは、トルコのネコとして紹介されていて、泳ぐネコとも書いてありました。頭とシッポにオレン

オーストラリアの夏は乾燥していて暑い日が続きます。朝のうちにネコは出かけます。

マダガスカルの食堂で見かけたネコの母子は、いつもこのあたりにいるそうです。

ジ色の模様が入っています。こんなネコだったらきっと明るい楽しい写真ができあがるに違いないと、ぼくたちの頭の中でのイメージは広がりました。そして、こんなイメージのネコを探してくださいと、いろいろなヒトにお願いしました。

「とてもいい子がきております。こんなネコかしら、探しているのは」と、東京のあるお寺の住職夫人から電話をいただいて、急いでうかがいました。まさに探していたネコが夫人の胸に抱かれていました。

このネコが「海《カイ》ちゃん」です。その頃ぼくたちが暮らしていた東京の武蔵野《むさしの》市のアパートに、海ちゃんをバスケットに入れて持ち帰ったときのことは、昨日のことのように思い出します。バスケットから用心深く慎重に出てきた子ネコを見ながら、また胸が熱くなりました。

それから毎日、ぼくは夢中で海ちゃんの写真を撮りまくりました。ありがたいことに、海ちゃんはカメラを向けると喜んで撮影させてくれるネコでした。広い公園や河原の茂みなどでは大はしゃぎして、モデルとして素晴らしい演技をしてくれます。まるで自分がモデルとしての自覚があるように思えるほど、カメラの前で目が輝くのでした。けっしてぼ

カナダのバンフという山に囲まれた町のネコです。おとなりの裏庭にある古いトラックが気に入っているようです。

フォークランド諸島のポートスタンレーの町です。「10キロは軽く超えている」と飼い主自慢のネコです。

くの思いこみではないと信じています。だって写真には真実が写っていますから。

カメラに対して「嫌だ」と拒否をして、絶対モデルになってくれないネコもいます。無理は禁物です。一度カメラを嫌いにさせてしまっては、元も子もなくなってしまうのです。

ぼくの奥さんは、ネコを育てることにかけてはベテランでしたが、ぼく自身ネコを育てたことがありませんでした。ぼくにとって初めて一緒に暮らすことになった子ネコの海ちゃんに、驚くこともありました。

ある朝、じゅうたんの上で新聞を読んでいるときでした。海ちゃんが座った姿勢のまま後ろ足を前にピンと伸ばして、前足だけでスッスーとぼくの目の前にある新聞の上を通り過ぎていきます。通ったあとに何としたことか、茶色の線が一直線に伸びています。ウンチのあとの始末をしていたのです。お尻《しり》がかゆかったのかもしれませんが、ぼくにとっては初めての目撃でした。おかしくて笑いが止まりませんでした。

海ちゃんとは、モデルと写真家として、それぞれの季節にいろいろなところへ行きました。牧場では、海ちゃんの何十倍もの大きさがある牛とも出会い、牧場のヒトから海ちゃんの好きなミルクを分けてもらいました。冬

ぼくのうちに来た海《カイ》ちゃんが外に出た最初の日です。

姉妹の類《ルイ》ちゃんと遊ぶ海ちゃんです。類ちゃんはほかの家にもらわれて行きました。

の公園では、珍しく降った雪の中で海ちゃんを撮影しました。海ちゃんは鼻を真っ赤にしてよくがんばってくれました。

海ちゃんの成長ぶりは早く、グイグイと体が伸びていきます。もう子ネコではない海ちゃんの顔を見ながら、「お腹《なか》が空《す》いた？」と聞いたことがあります。すると海ちゃんは、決められた自分のお皿の前に行ってじっと待っているのです。なんだかヒトの言葉も分かっているのかな、と海ちゃんの鋭さが恐くなるほどでした。

海ちゃんは今に狭いアパートでは満足でき

なくなってしまうのかもしれないと、ぼくたちはすこし不安にもなりました。ある日ぼくたちは、奥さんの実家がある神奈川県の逗子《ずし》市へと出かけました。海ちゃんに海を見せたかったこともあります。そしてもうひとつ、大事な相談がありました。それは海ちゃんを逗子で暮らせるようにお願いをすることでした。

実家にたくさんのネコがいることが海ちゃんにとって良いことだと、奥さんと二人で勝手に決めていたのです。ぼくたち夫婦に赤ちゃんができることも理由のひとつでした。ぼくは赤ちゃんがいても、親子3人と海ちゃん

海ちゃんにとって多摩川の河川敷は広い遊び場になってしまいます。

動物は体の大きさで相手とくらべていることが多いのです。海ちゃんにとって牛はどうだったのでしょう。

で楽しく暮らせると考えていたのですが、海ちゃん自身の将来を考えると、逗子の広い家の方が良いのに決まっています。このときの心境はとても複雑でした。

その後、心配した海ちゃんは、逗子の家のヒトたちと義母の優しさのおかげで、たくさんのネコたちと、そして海ちゃんが産んだ子ネコたちと、16年を幸せに暮らすことができました。ぼくも海ちゃんの子ネコたちに会いに行って写真を撮るのが楽しみでした。

海ちゃんが我が家にいなくなって、ぼくは海外への野生動物の取材をさらに熱心に続け

しぼりたての牛乳です。色も匂《にお》いも音もおいしそうだったのだと思います。

東京にも珍しく雪が降り積もりました。公園からの帰りには、海ちゃんを胸に抱いて暖め合いました。

海ちゃんは子育て上手です。子ネコといるときにはいつも真剣でした。

まだ目が開いていない子ネコは、海ちゃんの匂《にお》いと暖かさでおっぱいを探しています。

海ちゃんは16年間に６回お産をしました。子ネコはみんなどこか海ちゃんと似ています。

ぼくが撮っているのも、海ちゃんが産んだネコです。

ギリシアの地中海に浮かぶサントリーニ島で、家々の間にある狭い道から見上げると、ネコの道が空にありました。

イタリアのシチリア島です。おじさんが小魚を投げてくれるのを、
ネコは首を長くして待っています。

エジプトのカイロの町の朝はのんびりとしています。ヒトが多い昼間、驚いたときには車の下へ逃げられます。

北アフリカにあるモロッコです。窓枠から屋根にジャンプをしたこのネコは勇気があるのか、なにも考えていないのか、どちらでしょう？

モロッコの町角です。ネコには好きなところや通うところがいつもきまってあるようです。ぼくはこんな逆光での撮影も好きです。

イタリアのベネチアで橋を渡ると、大きなオスネコと出会いました。
写真を撮っていると、後ろをお巡《まわ》りさんが通り過ぎていきました。

モロッコの古い宮殿の中です。

朝食に焼きたてがおいしい、ピデというトルコ風のパンです。

スペインの山中で見つけた、海ちゃんに似ている（?）ネコたちです。

「そんなにネコが好きだったら持っていきなさい」と言われました。
スペインの田舎にて。

ていました。ライオンを撮影するためにアフリカへと向かう飛行機の上から地中海を見下ろしたときに、エーゲ海に浮かぶ島々にはどんなネコたちがいるのかなぁ、と港にたたずんでいるネコの姿を思い浮かべました。

地中海が海上交通で栄えた時代に、船乗りたちはネコを連れて船旅をしたのかもしれない。地中海のアフリカ側はエジプトで、エジプトはネコが家畜化された発祥地といわれているのです。こうなったら行かなくてはならない、と機上でいつの間にか決心していました。

家の中から次々とネコが出てきました。一番あとから犬まで登場して大騒ぎとなりました。モロッコにて。

トルコのイスタンブールです。ここは東洋と西洋が交わるところです。ネコの顔もエキゾティックでした。

地中海沿いの国々では、ネコを撮る場所や時間にこだわりました。太陽の光も空気も微妙に違います。できるだけその国らしい場所を選ぶのがふさわしい撮り方なのです。イタリアの狭い路地では、いつものように道にはいつくばってネコにカメラを向けているぼくに、通りがかりのおじさんが英語で「そんなにネコがめずらしいのかい？　日本にはネコはいないのかい？」と、冗談とも本気ともとれるように、頭上から声をかけていくこともありました。

地中海でネコを探す取材は、4年間で6か国を回りました。ギリシアから始めてモロッコまで、さまざまなネコと出会うことができました。

スペインのシエラネバダ山脈の谷間の村には、海《カイ》ちゃんとそっくりのネコがいました。そこは、おいしい生ハムの生産地です。そういえば海ちゃんもおいしいものが大好きでした。

急な上り坂を、行きつくところまで登り切ります。車は走れないほどに道幅は狭くなり、ネコの出没率が高くなってきます。ネコたちの顔をよく見ていると、顔も模様も海ちゃんそっくりなネコがいます。気がついたときにはネコの顔が30センチほどに迫っていて、ぼ

四国は八十八か所のお寺巡りで知られています。松山のお寺も参拝客が多くて、ネコもヒトの顔を見るのに忙しそうでした。

沖縄の家々の屋根にはシーサーという魔よけが見られます。アッ、ネコだと思ったらシーサーだったこともありました。竹富島にて。

くは「海ちゃん、海ちゃん」と声をかけながらカメラのシャッターを押していました。海ちゃんにそっくりなネコのそばにいるネコたちの顔がみな似ているので、村のネコたちの血の濃さのようなことも感じました。

地中海のネコを見ているうちに、なつかしい日本のネコについての思いがふつふつとわいてきました。今までとは違った目で日本のネコを見ることができるような気がしてきたのです。

いろいろなところでネコの写真を撮ってきましたが、ぼくの母国語の日本語で語りかけるほうが、ネコの気持ちにスーッと入っていけるし、またネコとの距離も計りやすいように思えてきたのです。

そこで「ニッポンの猫」と題して、北は北海道から南は沖縄まで、ネコの写真を撮りに出かけるという贅沢《ぜいたく》をすることにしました。撮影するときにネコのことだけを考えていればよいのですから、うれしくてたまりません。

とはいっても、名所旧跡で、ここにネコがいてくれれば最高の写真が撮れるだろうというところには、あまりいてくれなかったりするのも確かです。

家の中でも外でも、ネコは高いところから

宮城県の石巻市にある島です。船が着く港でネコが歓迎してくれました。島によってネコの顔も違っているように思えてきます。

「何も考えずに」シャッターを切りました。母子のネコが一生懸命に生きています。尾道にて。

見下ろすことが好きなようです。広島県の尾《お》
道《みち》は坂道が多い町で、こちらがハァハァと息
が切れるような急坂でも、ネコは平気な顔を
しています。やっと出会えたネコにぼくは、
ちょっと一息させてください、とお願いする
ように座りました。

ネコは嫌がる様子も逃げる気配もなく、シ
ッポをあげてご機嫌な顔をして、まっすぐに
ぼくのところへやってきてくれました。そし
て目の前まできて体の向きを変え、お尻《しり》を見
せてシッポを高々ともちあげて、おしっこを
ぼくのひざにたっぷりとかけてくれたのです。
親愛の情を示してくれたのかもしれません。

これにはまいりました。

ネコにはぼくがきっと臭かったのでしょう。その日はどこにいっても鼻をヒクヒクとされていたように思います。その臭《にお》いのせいかもしれませんが、その日には狭い山道を下ってくるネコの母子《おやこ》に出会えたのです。

さっと望遠レンズを構えて、何も考えずにシャッターを切りました。この「何も考えずに」というのは、写真を撮る上でのひょっとしたら極意になるかもしれません。このとき撮った山道の母子の写真は、多くのヒトに気に入られているようです。もちろんぼくも気に入っています。

ネコたちはお店のヒトにやさしくしてもらい、元気でも淋しそうな顔をしています。捨てネコは困ります。尾道にて。

港の朝、漁具置き場からオスネコが起きてきました。琵琶湖《びわこ》の沖島にて。

北海道の函館《はこだて》でのことです。観光客の多いところから歩き始めてネコを探しているうちに、ヒト通りが少ない海岸へとやってきました。車の数もぐっと減ります。波打ち際《ぎわ》にはウニ漁の小さな船が並んでいます。

海岸の丸い石につまずかないように下を見ながら歩いていて、ネコがいるのにやっと気がついたのです。丸い石の模様によく似た毛の模様のネコで、すぐそばを歩いていても動かないおっとりとしたオスネコでした。〝ゴン太〟君という名前です。カモメに飛びつくほど果敢なときもあるのですが、道の真ん中でも平気で寝ていて、通りかかった車からクラクションを鳴らされても動じないそうです。そんなネコがぼくは好きです。そういうネコが暮らしていけるところも好きになります。

ちょうど「ニッポンの猫」を取材しているときに、我が家に野良《のら》ネコがやってきました。この頃には、ぼくたちは山梨県の小淵沢《こぶちざわ》（現北杜市《ほくとし》）という八ヶ岳の麓《ふもと》にある町で暮らし始めていました。家の外でネコの鳴き声が聞こえています。雨が激しく降る日の夕方です。仕方がないので冷蔵庫から肉の切れ端とチーズを皿に乗せて外へ出てみました。痩《や》せてい

ゴン太君は幸せなネコです。いつも人間のお母さんとお父さん、そして津軽海峡が見てくれています。

ゴン太君の得意なポーズです。安心しきっているのでしょう。

るけど三毛ネコの模様がハッキリしています。警戒していて見ているうちは、お皿にやってきません。翌朝見てみるときれいに食べています。こういうパターンがネコの思うつぼで、どの家を選ぶかは、きっとネコが決めているのだと思います。

日が経《た》つうちに、すこしずつそのネコとの距離が縮まり、やがてぼくはそのネコを肩に乗せるほどになっていました。しかし、家の中に入れるようなことはしません。そのうちやっと奥さんにも認められるようになったネコは「柿右衛門《かきえもん》ちゃん」と名づけられました。

柿右衛門ちゃんにぼくが教わったのは、ネ

コ本来の動きの美しさです。俊敏で狩りがうまいのです。野鳥が襲われるのは困りますが、ほれぼれするほどの野性を見せてくれるのです。蝶《ちょう》に向かって走り高跳びを見せてくれます。空中に舞うその姿に魅せられます。じっと一直線に体を硬くしているので見てみると、ヘビとにらみ合いをしていたこともあります。

ネコがネコとして生きていくのは、かなりヒトの側の犠牲が必要かもしれません。ネコはわがままにしておけば切りがなくなるようです。でもそのわがままがたまらなくかわいいのです。

ネコが自由に歩きまわれる町とは、どんな

三毛ネコはメスのことが多いです。いつもしっかりと見ています。
北海道の天売島《てうりとう》にて。

晴れときどき曇り。ネコは田んぼのあぜ道にいるヒトを見ています。

ところになるのでしょうか。ヒトの動きがあまり早くなくて、家々にはどこかスーと空気の通りが良い隙間《すきま》があり、そして家の中には暖かな場所があって、ネコを迎えてくれる専用の扉があって、いつでもひざに乗れて、頭をやさしくなでてもらえる。そのようなヒトとの関わりは、ネコにとっては絶対なくてはならないように思えます。

ぼくは、ネコとはこれからも末永くつきあっていきたいと思っています。どんなネコと出会えるのか、旅も続けようと思います。

どんな写真を撮りたいかですって？　それ

はきっとネコが見てくれたときに、「そろそろ仲間として認めてあげましょう」と、ミャーとうれしそうな顔を見せてくれる、そんなネコさまの写真でしょう。

背景に甲《か》斐《い》駒《こま》ヶ《が》岳《たけ》と桜の木を入れて、ポーズをしてもらいました。

柿右衛門ちゃんは木登りも得意でした。桜の木の枝にいるヒヨドリに目をつけました。

あとがき

柿右衛門ちゃんにまぶたを押してもらいます。足の裏の肉球がいい気持ちです。

ヤマカガシとにらみ合っている柿右衛門ちゃんです。両者とも何事もなく別れました。

ヒトの興味というのは、年齢とともに変わっていくと言います。

赤ちゃんのときには、動くものを目で追いかけることから始まります。激しく躍動するものにドキドキ胸を躍らせて、あこがれるのは若者です。色彩にも敏感に反応していきます。もう少し大人になれば、魚の味や桜の花を好もしく感じる、日本人としての感覚が呼び起こされることもあるでしょう。植物などの優しい動きにも興味が移っていくかもしれません。

40歳くらいになると、社会的にも責任を持たされるようになりますが、会社から帰宅するときに夜空を見上げて、星の軌道に思わぬ感動をしたりもします。たまの休みに海岸で、波にもまれ丸く削れた石の形や色模様に時間を忘れたりもするでしょう。

ぼく自身のネコへの想《おも》いも、年齢とともに変わってきています。ネコの動きにドキドキしていたのが、ネコが実際に動かなくても、その姿や顔の美しさに大いに胸の高鳴るのを覚えたりするようにもなりました。そして、ネコの内面にまで迫るような写真を撮れればいいなと、いつのまにか考えるようになりました。ぼくは人間ですから、ネコのことはも

ネコにはかわいがってくれるヒトが必要です。待ちくたびれてしまうことだってあるでしょう。宮城県石巻市にある島にて。

ネコが好きな町ってどんなところでしょうか。時間はゆっくりしているほうが良いのかな。愛媛県松山市郊外のローカル線の駅前にて。

ちろん分かりません。謎《なぞ》だらけです。でもネコを見ていると、笑っているのか、悲しんでいるのか、淋《さび》しい思いをしているのか、分かるような気がするときもあります。

物語にも音楽にも、起承転結というものがあります。ヒトが考えるリズムが、自然や動物にそのままストレートに通じるかどうか、疑問もあります。長い年月ネコを見続けることで、ぼくの頭の中は混沌《こんとん》としてきました。ヒトとネコの間を行きつ戻りつ、頭の中で考えることと体で感じることをすこしずつ整理していき、そしていつかネコの世界の謎をきっと見せてもらえるという期待も、明るく持ち続けたいですね。

2003年秋、小淵沢にて

漁船に乗ったお父さんが港に帰ってくるのを、ネコも一緒に待っていました。北海道の積丹《しゃこたん》半島の小さな港にて。

横浜の「みなとみらい」が見えます。ネコの未来はどうなるのでしょう。

文庫版あとがき

岩合家のニャン吉。

Camellia Line

「ネコはいいですねぇ」とどこかの編集者がいっていました。どういう意味なのか、ちょっと定かではありませんが、ひょっとしたら皆さんに喜んでもらえそう、ということだったのかもしれません。

が、世の中、そんなに甘いものではありません。皆さんの目はとても厳しいものです。しっかりと写真を見てくださっているという反応をビシビシと感じます。それだけネコは身近な存在でもあるのでしょう。

ネコのどんな姿が興味深いのか、例えば写真展などでお客様同士の話を背中から聞いていると、なによりも「家のミーちゃんにそっくり」というのが一番多いようです。だから「可愛《かわい》い」と続くとうれしくなります。また「どうしたらこういう瞬間を撮れるのだろう」ともあります。これは正直いって年季が入っているからです、とお答えしましょう。つまり伊達《だて》にネコを見ているのではなく写真を撮る時には、そういう目で瞬間を逃さないことを心掛けているのです。これは難しいです。つまりネコ可愛がりの目で見ているとシャッターチャンスなどどうでも良くなってネコと一緒に遊んでいる方が楽しいからです。ネコと一緒にいると時間のたつのを忘れます。ア

ッというまに一日が過ぎていきます。ネコは律儀《りちぎ》だから付合ってもくれます。一瞬ですがネコと意思の疎通《そつう》が図れたと感じることがあります。

でもやっぱりネコさま次第ですね。

2008年4月

解説
「岩合さんの猫電波」

赤瀬川原平

岩合さんの猫の写真は、どれも見ていて飽きない。可愛《かわい》いだけの写真であれば、そのうち飽きるものだが、いつまでも見ていられる。次の写真も、次の写真も、飽きずに見られる。おいしい要素が一つだけでなく、二つも三つも、たくさん、複数含まれているからだと思う。それは光であったり、風景であったり、路上のたまたまの小道具であったり、さまざまだ。際立《きわだ》つ一つの味の下に、たくさんの隠し味が隠れている。

岩合さんは猫に限らず、動物写真家である。虎やライオンを、すぐそばで、平然と撮ったような写真に驚かされる。大丈夫かな、と思ったりもする。たくさんの経験に裏打ちされてのことだろう。

でも経歴を読むと、岩合さんのお父さんも動物写真家だったとある。これは知らなかった。写真がおいしいわけだ。隠し味もさることながら、先祖から伝わる秘伝の味があるのかもしれない。くさやの垂れはずうっと昔の江戸時代ごろから、捨てずに海水を足しながら伝えられているというが、そんな秘伝の垂れのようなものが体内にあるのだろうか、と思ったりする。

そんなことを思わせるほど、岩合さんのカメラは猫の社会に接近して、潜り込んでいる。ふつうは近づきすぎると、異物としてはじき出されるはずだ。イスラム教ではないが、何か濃厚な宗教社会にカメラと共に入るには、自分もその宗教に身を浸してからでないと、奥には入れないものと思われる。猫の社会は人間の社会に重なって、だぶってはいるが、ぴったりではない。二つの円がアバウトに重なっているとして、その外れた外縁に猫にしかわからない要素が広がっているものと思われる。

一回でも猫にカメラを向けた人ならわかると思うが、猫はなかなかこちらの思うようにはしてくれない。いい写真を撮ろうとしていると、ああそれか、と一瞬に理解して、私には関係ありませんと、二度と同じポーズはとってくれない。いい写真が何ぼのもんじゃ、という顔をして、がんとして譲らない。

見透かされてしまうのだ。本当に見透かしているかどうかは怪しいとしても、猫はそうすることで人間社会での自分の地位を築き上げてきた。これを外交交渉というなら、北朝鮮もびっくりだ。

そんな近くて遠い猫の社会に、岩合さんのカメラはごく自然に滑り込んで、猫と戯《たわむ》れ、その尻尾《しっぽ》でシャッターを押してもらっているみたいだ。

いわゆる猫語が話せるのではないかと、思いたくなる。でも猫に人間みたいな複雑な言葉はないはずで、それは猫の口の構造を見れば何となくわかる。複雑に動ける唇がないし、だいいち猫には表情筋というものがない。犬には多少あるような気もするが、猫は嬉《うれ》しくても悲しくても、顔の表情は一定である。でも猫だって人間と同じように気持はあるから、それを顔以外の他の部分で、耳とか尻尾とか、毛とか、あるいは体の向きとか、その位置とか、体以外の要素も利用しながらあらわしている。いや、あらわそうとしている。それは人間が見ようとすれば見えるし、見ようとしなければ何も見えないという微妙なものだ。

だから仮りにそういうものを猫語といっても、それはただ口先のことではなくて、つまり技術だけで得られるものではなくて、自分の存在そのものを柔らかく溶かして、いわば流体として猫社会に流れ込んでシャッターを押している、のではないのだろうか。

猫と人間は、大きさも、姿形も違うけど、外形では計れない気持というものがある。気持というのはそもそもが無形のものだから、その点では猫にとっても人間にとっても共通のゾーンだ。そのゾーンの合わせめから岩合さんは流れるように猫の社会に入り、猫とのカメラ遊びを実現しているようだ。

話は違うが、建築家で、ホームレスのブルーシートの小屋をいろいろ写真に撮って、中の人とも話して、その生活の様子を本にして出した人がいる。この間そのSさんと対談して面白かった。ぼくも路上で見かけるあの小屋は気になる。写真に撮ったりしたいが、カメラを向けにくい。どんな人か、どんな世界かと頭でいろいろ考えてしまって、近づけないのだ。ところがSさんは、たとえば手製の入口のロックの変った仕掛けが気になり、それが何故《なぜ》そうなっているのか知りたくて、ふと訊《き》いてみる。そうすると向うは、よくその工夫に気づいたという感じで、その仕掛けについて説明してくれる。なるほど、と感心して、じゃあこの庇《ひさし》のところは、ということになっていきながら、Sさんはいつの間にかその中に坐《すわ》らしてもらって、お茶をいただいたりしているのだ。

この話は猫の世界にも重なりそうだ。たぶん岩合さんも、猫との会話はこんな感じで始まるのではないかと想像する。猫の世界を頭で考えるのではなく、その爪《つめ》どうしで曲がってるの、といった部分からすとんと入るのではないかと思う。

それにしてもどうやって撮るのだろう、と不思議なのだが、ある雑誌にその撮影風景が少し出ていた。岩合さんが漁村かどこかローカルな町を歩き、いっしょに夫人が反射板を持って歩いていた。

凄《すご》い。プロだ。と感心した。もちろんプロは周知のことだが、ぼくはカメラを持っていても反射板は持ってないので、あの反射板を見るといつも「プロだ」と尊敬する癖がある。

反射板というのは太陽の光を操るための銀色の布の円盤で、円周がスチールだからクルッと半分に折り畳むことができる。直射が強くて陰影部分が強すぎるとき、そこに反射光を当てて柔らげる。自分がたまに被写体として撮られるとき、カメラマンとその助手がそうやって光を操り、ほどよいコントラストを作り出す。

写真集を見ていても、それがどう使われているのかはわからない。もちろんほどよい光の状態を作り出すためにそれをやるのだから、わからないわけなのだけど。

直接の撮影シーンも載っていて、それはカメラをのぞく岩合さんが腹ばいになったり、寝転んで仰向けになったり、服が汚れるどころではない。これが子供だったら、そんなことやめなさい、とお母さんに叱《しか》られる。でも相手はお母さんではなく猫だから、猫も関心を寄せている。

寝転がるのはカメラアングルのこともあるけど、猫に遊んで見せてるんじゃないかと思った。猫が可愛いからといって、地面にごろごろ転がる人は、そうはいない。猫にとっては当り前のことだけど、それをしないのが人間だと思っている。だから珍しくごろごろ転がる人間が来たら、猫も何かいいたくて、気持が寄ってくるのだろう。

気持がどこでわかるのか、それが不思議だ。でも猫が気持を見抜くことは確かだ。ぼくは猫ではないが、犬で経験がある。子供のころから犬が怖くて、よく吠《ほ》えられた。

吠えられると、そこでまた犬が怖くなる。ほかの人は吠えられないのに、ぼくだけ吠えられるようで、非常に理不尽だった。それで一生いくかと思っていたら、五十歳になったところで仔犬《こいぬ》を飼うことになってしまった。半分は嫌々家族に押し切られたわけだが、それでも家に犬が一年いるうちには、少し馴《な》れてくる。仔犬だし、犬の散歩もできるようになった。

そうなってから気がついたのだが、家の犬に馴れた自分が、よその犬にも吠えられない。前はこわごわ犬とすれ違っていたが、家に犬が来てからは、よその犬もどんな犬かと興味をもって見ながらすれ違う。すると向うの犬もふつうに、何でもない顔をして通り過ぎてくれる。

知らぬ間に、こちらの気持が変っていたのだ。それがどう外にあらわれているのかわからないが、犬にはわかるらしい。前はたぶんぼくの体のどこかから、緊張波が出ていて、犬もつられて緊張して吠えていたのだろう。それがぼくの体から消えたのだろう。

それと同じ様に、でも事柄は正反対に、緊張を溶かす独特の波が、岩合さんからは放射されているのではないか。というふうに考えるのは安易すぎるかもしれないが、でも事実、猫は反射的に逃げたりはせずに、岩合さんのカメラをじっと見つめている。

あるいは逆に見もしないで、ということは気にもしないで、つまり警戒もしないで、猫は自分の関心事に没頭している。そこにいるのは人間で、カメラという異様な物を持っているけど、気持の抵抗はほとんどないのだ。

一般に猫はどうして可愛いのだろうか。猫の可愛さというのはいろいろあって、複雑だと思う。ころころとした感じ、ぬくぬくとした手触り、外形としてはいろいろあるが、猫は顔面に表情を作れない、というところが逆に可愛い要素としてあると思う。猫は嬉しいときでも笑えない。笑おうとしても、顔面が笑うように出来ていないので、どうにもならず、いつもの深刻な顔付きのままでいることしかできない。と人間は想像するのだけど、そういう猫のもって生れた不自由が、人間の方から深入りして、可愛いと思わざるを得ないのだ。

猫の手にしてもそうで、手とはいわず前脚だが、猫には人間みたいに器用に動かせる指なんてついていない。だから何か取ったり遊んだりするのに、棒のような前脚ごと振り回すことになり、その無器用さが逆にまた何とも可愛い。

岩合さんの猫の写真を見ていると、ふだん見ている猫にいろいろ感じながら、言葉にもならずに消えていっている感情が、一枚一枚でまざまざとよみがえる。猫と人間の感情の、正確な反射板になっているみたいだ。

ぼくは岩合さんと、面識はないのだけど、いつも見る写真の猫の可愛さに免じて、さん付けで書かせてもらいました。

（平成二〇年五月、作家）

この作品は、平成十六年二月岩波書店より刊行された『猫さまとぼく』を改題し、収録写真を大幅に入れ替えたものである。

新潮文庫最新刊

重松清著
きみの友だち
僕らはいつも探してる、「友だち」のほんとうの意味——。優等生にひねた奴、弱虫や八方美人。それぞれの物語が織りなす連作長編。

唯川恵著
恋せども、愛せども
会社員の姉と脚本家志望の妹。郷里の金沢に帰省した二人は、祖母と母の突然の結婚話に驚かされて——。三世代が織りなす恋愛長編。

金城一紀著
対話篇
本当に愛する人ができたら、絶対にその人の手を離してはいけない——。対話を通して見出されてゆく真実の言葉の数々を描く中編集。

湯本香樹実著
春のオルガン
いったい私はどんな大人になるんだろう？小学校卒業式後の春休み、子供から大人へとゆれ動く12歳の気持ちを描いた傑作少女小説。

橋本紡著
流れ星が消えないうちに
忘れないで、流れ星にかけた願いを——。永遠の別れ、その悲しみの果てで向かい合う心と心。切なさ溢れる恋愛小説の新しい名作。

志水辰夫著
帰りなん、いざ
美しき山里——、その偽りの平穏は男の登場によって破られた。自らの再生を賭けた闘い。静かに燃えあがる大人の恋。不朽の長篇。

新潮文庫最新刊

吉本隆明著
日本近代文学の名作
名作はなぜ不朽なのか？　近代文学の名篇24作から「名作」の要件を抽出し、その独自の価値を鮮やかに提示する吉本文学論の精髄！

阿刀田高著
短編小説より愛をこめて
短編のスペシャリストで、「心中してもいい」とまで言う著者による、愛のこもったエッセイ集。巻末に〈私の愛した短編小説20〉収録。

岩合光昭著
ネコさまとぼく
世界の動物写真家も、ネコさまには勝てない。初めてカメラを持ったころから、自分流を作り上げるまで。岩合ネコ写真Best of Best

半藤末利子著
夏目家の福猫
〝狂気の時〟の恐ろしさと、おおらかな素顔。母から聞いた漱石の家庭の姿と、孫としての日常をユーモアたっぷりに描くエッセイ。

安保徹著
病気は自分で治す
―免疫学101の処方箋―
病気の本質を見極め、自分の「生き方」から見直していく――安易に医者や薬に頼らずに自己治癒できる方法を専門家がやさしく解説。

大橋希著
セックス レスキュー
人妻たちを悩ませるセックスレス。「性の奉仕隊」が提供する無償の性交渉はその解決策となりうるのか？　衝撃のルポルタージュ。

新潮文庫最新刊

泉　流星著
僕の妻はエイリアン
―「高機能自閉症」との不思議な結婚生活―
地球人に化けた異星人のように、会話や行動に理解できないズレを見せる僕の妻。その姿を率直にかつユーモラスに描いた稀有な記録。

チェーホフ　松下裕訳
チェーホフ・ユモレスカ
―傑作短編集Ⅰ―
哀愁を湛えた登場人物たちを待ち受ける、あっと驚く結末。ロシア最高の短編作家の、ユーモアあふれるショートショート、新訳65編。

フリーマントル　戸田裕之訳
ネームドロッパー（上・下）
個人情報は無限に手に入る！　ネット上で財産を騙し取る優雅なプロの詐欺師が逆に女にハメられた？　巨匠による知的サスペンス。

B・ウィルソン　宇佐川晶子訳
こんにちは　アン（上・下）
世界中の女の子を魅了し続ける「赤毛のアン」が、プリンス・エドワード島でマシュウに出会うまでの物語。アン誕生100周年記念作品。

J・アーチャー　永井淳訳
プリズン・ストーリーズ
豊かな肉付けのキャラクターと緻密な構成、意外な結末――とことん楽しませる待望の短編集。著者が服役中に聞いた実話が多いとか。

L・アドキンズ　R・アドキンズ　木原武一訳
ロゼッタストーン解読
失われた古代文字はいかにして解読されたのか？　若き天才シャンポリオンが熾烈な競争と強力なライバルに挑む。興奮の歴史ドラマ。

ネコさまとぼく

新潮文庫　い－38－9

平成二十年七月一日発行

著者　岩《いわ》合《ごう》光《みつ》昭《あき》

発行者　佐藤隆信

発行所　株式会社　新潮社

郵便番号　一六二—八七一一
東京都新宿区矢来町七一
電話　編集部(〇三)三二六六—五四四〇
読者係(〇三)三二六六—五一一一
http://www.shinchosha.co.jp

価格はカバーに表示してあります。

乱丁・落丁本は、ご面倒ですが小社読者係宛ご送付ください。送料小社負担にてお取替えいたします。

印刷・大日本印刷株式会社　製本・加藤製本株式会社

ISBN978-4-10-119819-4 C0172